Nathalie Gottwald

Aus der Reihe: e-fellows.net schüler-wissen

e-fellows.net (Hrsg.)

Band 26

Biologische Vorbilder in Bau- und Verfahrenstechnik

GRIN Verlag

Bibliografische Information der Deutschen Nationalbibliothek:

Die Deutsche Bibliothek verzeichnet diese Publikation in der Deutschen Nationalbibliografie; detaillierte bibliografische Daten sind im Internet über http://dnb.d-nb.de/ abrufbar.

Impressum:

Druck und Bindung: Books on Demand GmbH, Norderstedt Germany
ISBN: 978-3-656-56381-5

Dieses Buch bei GRIN:

http://www.grin.com/de/e-book/266189/biologische-vorbilder-in-bau-und-verfahrenstechnik

Biologische Vorbilder in Bau- und Verfahrenstechnik

Inhaltsverzeichnis

1 Grundlegende Begriffe und Zusammenhänge

1.1 Definition und Teilgebiete

Der Begriff „Bionik" stammt aus einem Seminar mit dem Thema „Living Prototypes – the Key to New Technology", das im September 1960 in Ohio stattgefunden hat. Dort ist zum ersten Mal der Begriff „bionics" verwendet worden. Es sind im Wortlaut verschiedene, inhaltlich dennoch gleiche Definitionen verschiedener Biologen und Zoologen verbreitet.[1] Die gängigste und vom Verein Deutscher Ingenieure (VDI) anerkannte Definition formulierte Neumann 1993. Sie lautet: „Bionik als Wissenschaftsdisziplin befasst sich systematisch mit der technischen Umsetzung und Anwendung von Konstruktionen, Verfahren und Entwicklungsprinzipien biologischer Systeme."[2] Nachtigall hat diese 2002 wie folgt ergänzt: „Dazu gehören auch Aspekte des Zusammenwirkens belebter und unbelebter Teile und Systeme sowie die wirtschaftlich-technische Anwendung von Organisationskriterien. Bionik betreiben bedeutet Lernen von den Konstruktionen, Verfahren und Entwicklungsprinzipien der Natur für eine positive Vernetzung von Mensch, Umwelt und Technik."[3] Als wichtigste Teilbereiche des umfassenden Begriffs der „Bionik" dürfen die Konstruktions- und Strukturbionik, Material- und Werkstoffbionik, Baubionik, Verfahrensbionik, Klima- und Energiebionik, Bewegungsbionik, Sensorbionik, Informations- und Neurobionik, Anthropobionik, Organisationsbionik und Evolutionsbionik genannt werden.[4]

1.2 Geschichte der Bionik

Im 15. Jahrhundert begann Leonardo da Vinci (1452 - 1519) mit den ersten bionischen Ansätzen: Er studierte den Vogelflug, um dessen Prinzip in der Konstruktion von Fluggeräten, Hubschraubern und Fallschirmen anzuwenden. Eine ernsthafte Produktion von Flugapparaten nach da Vincis Überlegungen konnte aufgrund des Forschungsstandes

---

[1] Vgl. http://www.tab-beim-bundestag.de/de/pdf/publikationen/berichte/TAB-Arbeitsbericht-ab108.pdf, 05.10.13.
[2] http://www.tab-beim-bundestag.de/de/pdf/publikationen/berichte/TAB-Arbeitsbericht-ab108.pdf, 05.10.13.
[3] http://www.tab-beim-bundestag.de/de/pdf/publikationen/berichte/TAB-Arbeitsbericht-ab108.pdf, 05.10.13.
[4] Vgl. http://www.bionikzentrum.de/img_upload/bionik_bundestag.pdf, 05.10.13.

der damaligen Zeit nicht realisiert werden. Seine Erkenntnisse hielt er allerdings in seinem Werk „Sul vol degli uccelli“ für die Nachwelt fest.

Hezarfen Ahmed Celebi (1607 - 1649) nutzte die Überlieferungen Leonardo da Vincis, führte sie fort und konnte somit 1647 ein Fluggerät kreieren, mit dem es ihm gelang, den Bosporus vom Galata Turm in Istanbul aus, nach Uskadar zu überqueren (s. Abb. 1).

Als sich England und Spanien im 17. Jahrhundert um die Herrschaft über die Weltmeere stritten, half Matthew Baker (1619 - 1698)[5] seinem Land mit dem Bau eines nach ihm benannten Schiffsrumpfes. Die Baker-Galeone, orientiert an der Körperform von Dorschkopf und Makrelenschwanz, war ungewöhnlich manövrierfähig und reduzierte den durch das Wasser gegebenen Widerstand.

Ein weiterer wichtiger Vertreter der historischen Bionik war Sir Georg Cayley (1773 - 1857). Er erkannte als Erster, dass die Frucht des Wiesenbocksbarts wegen seines weit unten liegenden Schwerpunktes und seiner nicht ebenen, sondern außen hochgezogenen tragenden Fläche autostabil fällt. Diese Aufteilung übernahm er beim Bau seines Fallschirms.

Um seine Viehherde zusammenzuhalten, entwickelte Michael Kelly (Lebensdaten nicht bekannt) 1868 nach dem Vorbild des Osagedorn (Maclura pomifera), einem mit Dornen versehenen Strauch, den sogenannten „stacheligen Draht“. Da dessen Herstellung allerdings zu teuer für den alltäglichen Gebrauch war, veränderten zwei Männer namens Glidden und Haish Kellys Produkt hin zu einer billigeren Variante und werden daher heute als die Erfinder des Stacheldrahtes bezeichnet. Otto Lilienthal (1848 - 1896)[6], der sich dem Storchflug widmete und somit wiederholt erfolgreiche Flugversuche durchführen konnte, zählt heute wahrscheinlich aufgrund seines Todes bei einem seiner Flüge zu den bekanntesten Bionikern der Vergangenheit.

Das erste bionische Patent in Deutschland meldete Raoul Francé (1874 - 1943)[7] an: den „Neuen Streuer“. Die Aufgabe Francés war es, Kleinstlebewesen gleichmäßig auf einer landwirtschaftlich genutzten Fläche zu verteilen, was ihm mit Hilfe der Natur gelang. Der „Neue Streuer“ ist an der Mohnkapsel orientiert, die durch die besondere Lochanordnung die Fähigkeit besitzt ihre Samen gleichmäßig unter dem Einfluss von Wind zu verbreiten.

---

[5] Vgl. http://en.wikipedia.org/wiki/Matthew_Barker, 12.10.13.
[6] Vgl. http://de.wikipedia.org/wiki/Otto_Lilienthal, 12.10.13.
[7] Vgl. http://de.wikipedia.org/wiki/Raoul_Heinrich_Francé, 12.10.13.

Während der Name des Erfinders Georges de Mestral (1907 - 1990)[8] den wenigsten etwas sagt, zählt sein Produkt - der Klettverschluss - zu den bekanntesten bionischen Beispielen. Der Klettverschluss beruht auf dem Prinzip der Klettfrucht. Dieses nachgebaut, gab de Mestral ihm den Namen „VELCRO".[9]

1.3 Vorgehensweise der Bioniker

Bioniker können auf zwei verschiedene Weisen ihrer Wissenschaft nachgehen. Bei einer Vorgehensweise, dem Top-Down-Prozess, suchen sie bewusst nach Lösungen bzw. Analogien in der Biologie, deshalb auch Analogie-Bionik genannt. Dabei geht man, wie der Name schon sagt, von „oben" nach „unten" vor: Zunächst wird das Problem definiert, anschließend sucht man nach Analogien in der Natur, die dann genau analysiert werden. Schließlich wird mithilfe der erworbenen Erkenntnisse nach Lösungen gesucht. Otto Lilienthals Flugapparate sind auf diese Weise entstanden.

Der zweiten Vorgehensweise hat man den Namen „Bottom-Up-Prozess" gegeben. Weil hier das Prinzip des biologischen Vorbilds abstrahiert wird, kann dieses wissenschaftliche Vorgehen auch als Abstraktions-Bionik bezeichnet werden. Entgegen der Analogie-Bionik versuchen die Forscher, nachdem die biologische Grundlage ausreichend erforscht worden ist, das zu Grunde liegende Prinzip zu erkennen und zu beschreiben, um es im Anschluss von dem Vorbild loszulösen. Danach wird nach möglichen technischen Anwendungen gesucht, an deren Umsetzung man sich schließlich macht. So ist beispielweise der „Effekt" der Lotusblüte auf Dachziegeln übertragen worden.[10]

[8] Vgl. http://de.wikipedia.org/wiki/Georges_de_Mestral, 12.10.13.
[9] Vgl. http://www.bionikzentrum.de/default.asp?navA=bionik&navB=geschichte&navID=3&editable=1, 05.10.13.
[10] Vgl. http://www.buerklin.net/bionik.htm, 05.10.13.

2 Biologische Vorbilder

2.1 Leichtbau

2.1.1 Paradiesvogelblume

Die Paradiesvogelblume, auch *Strelitzia reginae* genannt, ist eine ganzjährig blühende Pflanze aus Südafrika, die heute in Ländern, in denen ein frostfreies, ausreichend feuchtes Klima herrscht, kultiviert wird.[11]

Die Besonderheit der Paradiesvogelblume besteht in ihrer Bestäubung. Denn auch nach mehreren Bestäubungsvorgängen ist kein Verschleiß der Blütenteile erkennbar bzw. werden die Materialeigenschaften nicht beeinträchtigt. Dieses Phänomen ist auf die Art der Deformation, das sog. *Biegedrillknicken,* zurückzuführen. Vögel lassen sich auf den zwei verwachsenen, blauen Blütenblättern, die als Sitzstange fungieren, nieder. Im Querschnitt sind diese Blätter monosymmetrisch aufgebaut. Beidseitig bestehen sie aus drei verstärkten Leisten, die durch ein dünnes Blütenblattgewebe verbunden sind. Die beiden untersten Leisten sind auf zellulärer Ebene verzahnt, während im oberen Bereich das Gebilde von einer aussitzenden, flächigen Lamina abgeschlossen wird. Die vertikal wirkende Kraft (Gewichtskraft des Vogels) verformt Leisten und Lamina. Dabei klappt das symmetrische System auf, der klebrige Pollen gelangt aus dem Inneren und haftet am Bestäuber. Nach dem Weiterflug des Vogels schließt sich der Komplex wieder, wodurch die Sitzstange in ihren Ausgangszustand zurückkehrt (s. Abb. 2 u. 3).[12]

Diese elastische Verformung ist eine für das Bauingenieurwesen interessante Entdeckung, da technische Konstruktionen mit Hilfe von Gelenken und Scharnieren verschleißanfällig und wartungsintensiv sind.

Ein Projekt, bei dem man sich diese Erkenntnisse zu nutzen gemacht hat, trägt den Namen *flectofin. flectofin* ist eine Konstruktion, bestehend aus einer Lamelle und einem steifen Rückgrat. Sie soll eine bessere Alternative zu den herkömmlichen Jalousien darstellen. Für das Material der Lamelle wurde eine Kombination aus Harz und glasfaserverstärktem Kunststoff gewählt, der als flexibel, stabil, witterungsbeständig und günstig gilt. Um den bei der Anwendung entstehenden Spannungen stand zu halten und das Einreißen beim Auftreffen von einem elastischen (Lamelle) auf ein steifes Element (Rück-

[11] Vgl. http://www.blumenlexikon.de/strelitzie.htm, 13.10.13.
[12] Vgl. http://www.simonschleicher.com/Flectofin_Bremen.pdf, 13.10.13.

grat) zu verhindern, haben sich Forscher an dem Übergang von Mittelader zu Blattspreite des Eukalyptusblattes orientiert und somit die Anordnung der Glasfasern angepasst. Je nachdem, wie stark man das Rückgrat biegt, geben die dünnen Lamellen der Spannung nach und können bis zu 90° zur Seite umklappen (Abb. 4).[13]

Der Biegevorgang kann manuell, motorisch oder auch durch die Temperaturausdehnung durch geeignete Wahl des Materials des Rückgrats herbeigeführt werden. Bei letzterem wird die Krümmung direkt im Rückgrat initiiert und nicht durch externe Einflüsse veranlasst. Aufgrund dieser temperaturabhängigen Steuerung und der Tatsache, dass sich *flectofin* an komplex geformten Fassaden ohne Probleme anbringen lässt, sehen die Forscher den Einsatzbereich ihres Projekts vor allem in heißen Ländern, in denen Bauwerke mit ungewöhnlicher Bauform stehen bzw. gebaut werden sollen (s. Abb. 5).[14]

2.1.2 Honigwaben

Die Bienenwabe ist ein Wabengebilde aus Bienenwachs, das von der Honigbiene errichtet wird. In ihr leben die Bienen und brüten ihre Eier aus, aber auch der Honig wird in ihr produziert und gelagert. Außerdem kommunizieren die Bienen über die vibrierenden Zellwände untereinander. Die Deckenzellen der Bienenwabe sind fünfeckig, nach unten folgen die typischen sechseckigen Zellen, deren Abstand von Wabenmitte zu Wabenmitte circa 35 mm beträgt. Der Zellinnenraum hat etwa eine Größe von 1 cm. Seit Francois Huber weiß man, dass die Biene nicht die Fähigkeit besitzt, die Waben direkt sechseckig zu bauen. Viel mehr nutzt sie ihren eigenen Körper als Schablone, demnach ist die Wabe zunächst rund. Durch Erwärmen des Wachses auf 40° C erhält die Bienenwabe aufgrund der Sprungtemperatur des Wachses ihre sechseckige Form.[15]

Die Bienenwabe ist aus zwei Schichten aufgebaut, die so gegeneinander versetzt sind, dass sich die Zellen der 1. Schicht jeweils mit drei Zellen der 2. Schicht ein Stück Zellboden in Form einer Raute teilen (s. Abb. 6). Diese besondere Geometrie der Waben ist äußerst ökonomisch, da sie mit dem geringstem Flächenaufwand ein größtmögliches Fassungsvermögen und ein Maximum an umbauten Raum aufweist und zudem noch höchst stabil ist.

---

[13] Vgl. http://www.zukunftbau.ch/fileadmin/ablage/Bauinnovationen/PDF_Artikel_Bauinnovationen/architektur_technik_Bionik_Storen.pdf, 13.10.13.

[14] Vgl. http://www.youtube.com/watch?v=XyLR_-fW0aA, 13.10.13.

[15] Vgl. http://de.wikipedia.org/wiki/Bienenwabe, 26.10.13.

Das Maximum an umbauten Raum ließe sich auch mit einem gleichseitigen Dreieck oder einem Quadrat erreichen, da man auch diese Körper lückenlos aneinander setzen kann. Allerdings sieht man an folgendem Rechenbeispiel, dass sich dabei der Flächenaufwand und somit der Wachsverbrauch für die Zellwände vergrößert:[16]

> „Bei einer Querschnittsfläche einer Zelle der Größe F ergibt sich der Umfang eines Dreiecks zu $\frac{6}{\sqrt[4]{3}} \times \sqrt{F} = \mathbf{4,56} \times \sqrt{\boldsymbol{F}}$, der eines Quadrats zu $\mathbf{4} \times \sqrt{\boldsymbol{F}}$ und der eines regelmäßigen Sechsecks zu $2\sqrt{2\sqrt{3}} \times \sqrt{F} = \mathbf{3.72} \times \sqrt{\boldsymbol{F}}$."[17]

Im Leichtbau hat man sich dieses ökonomische Naturbeispiel zum Nutzen gemacht: Das *honeycomb sandwich* ist eine dreischichtige Konstruktion, bestehend aus einem Stützkern (s. Abb. 7, C), der von zwei Deckschichten (s. Abb. 7, B) umschlossen wird. Nach dem Prinzip des Doppel-T-Trägers für das Flächentragwerk sind die Deckschichten für einen großen Flächenträgheitsmoment verantwortlich und geben somit dem Werkstück eine hohe Biegesteifigkeit. Die Erzeugung der Schubsteifigkeit dagegen ist Aufgabe des Kerns, genauso wie er die Deckschichten gegen Beulen und Knittern stützen muss. Er besteht - je nach Anwendungsbereich - aus unterschiedlichen Materialen, dabei wird zwischen Papier bzw. Pappe, Kunststoff und Faserverbundstoffe oder Aluminium ausgewählt. Die Papierwaben finden beispielweise bei Trennwänden, im Möbelbau, im Kulissen- und Bühnenbau oder auch in Bodensystemen oder Decken-/ Wandverkleidungen ihre Anwendung. Die Anwendung der anderen Materialen erfolgt meist bei Produkten, bei denen, aufgrund des Aspekts des Kraftstoffverbauchs, die Leichtigkeit von großer Bedeutung ist. So zum Beispiel in der Luft- und Raumfahrtindustrie und im Bootsbau.[18]

2.2 Solare Energieproduktion

2.2.1 Fotosynthese der Pflanze

Die Fotosynthese, die von Pflanzen, Algen und einigen Bakteriengruppen betrieben wird, ist ein biochemischer Vorgang, der Lichtenergie in chemische Energie umwandelt, und deshalb so interessant, weil er energiearme Stoffe zu energiereichen Stoffen

[16] Vgl. http://www2.hs-fulda.de/~grams/Problemloesen/Bienenwabe.pdf, 21.10.13.
[17] http://www2.hs-fulda.de/~grams/Problemloesen/Bienenwabe.pdf, 21.10.13.
[18] Vgl. http://de.wikipedia.org/wiki/Sandwichplatte_mit_Wabenkern, 21.10.13.

verarbeitet.[19] Aus diesem Grund ist die Fotosynthese der entscheidende biochemische Grundprozess der meisten Ökosysteme und ermöglicht auch durch ihre Freisetzung von Sauerstoff die Energiegewinnung in der aeroben Atmung.[20]

Die Fotosynthese verläuft wie folgt: In der Thylakoidmembran der Chloroplasten, an die auf der einen Seite das Stroma, auf der andere Seite das Lumen angrenzt, sind zwei Fotosysteme integriert und in Reihe geschalten. Das Fotosystem 1 absorbiert durch die im Lichtsammelkomplex vereinten Pigmente zweimal ein Photon der Sonnenstrahlung. Nachdem diese zunächst auf einen Primärakzeptor übergegangen sind, werden sie über eine Elektronentransportkette, eine Kette von Redoxsystemen, deren Energieniveau sich im Verlauf verringert, auf NADP+ übertragen. Die dabei freigesetzte Energie wird durch die Bindung eines dritten Phosphat-Restes (PO_4 ^{3}-) an das Adenindiphosphat (ADP) gespeichert. NADP+ bindet zusätzlich zwei aus der Fotolyse des Wassers im Stroma freigewordene Protonen (H+) und wird so zu NADH/H+, ein Molekül, das in der Dunkelreaktion der Fotosynthese benötigt wird (s. Abb. 8).

Das Fotosystem 1, welches durch die Elektronenabgabe eine Elektronenlücke bzw. eine hohe Bereitschaft aufweist, Elektronen aufzunehmen, also ein stark positives Potenzial besitzt, gleicht sein elektrisches Ungleichgewicht mit Hilfe des Fotosystems 2 aus, an dem ebenfalls zweimal ein Photon absorbiert wird, wodurch Elektronen energetisch angehoben werden und schließlich ebenfalls über eine Elektronentransportkette zum genannten Ziel gelangen. Aus diesem Vorgang resultiert eine Elektronenlücke am Fotosystem 2, welche wiederum durch das Spalten von Wasser in zwei Protonen, Sauerstoff und die benötigten zwei Elektronen, behoben wird.

Für die Fotolyse des Wassers ist der sauerstoffproduzierende Komplex (oxygen-evolving complex, OEC) verantwortlich, dessen wichtigster Bestandteil ein Metallkomplex, das Mangan-Calcium-Cluster, ist (s. Abb. 9). Vier Manganatome, ein Calciumatom und ein Chloratom bilden das Cluster, wobei die genaue Geometrie bis heute ungeklärt ist. Die vier Manganionen geben nacheinander jeweils ein Elektron zunächst an einen Tyrosinrest ab und wechseln dabei von Oxidationsstufe MnIII auf MnIV. Das gesamte Cluster durchläuft somit die verschiedenen Oxidationsstufen S0-S4. Hat der Tyrosinrest, der sich zuvor vom Fotosystem 2 hat oxidieren lassen, diese vier Elektronen aufgenommen, werden aus zwei Wassermolekülen ein Sauerstoffmolekül und vier

[19] Vgl. http://www.nationalgeographic.de/aktuelles/kuenstliches-blatt-erzeugt-strom, 21.10.13.

[20] Vgl. http://de.wikipedia.org/wiki/Fotosynthese, 26.10.13.

Protonen freigesetzt, wodurch das Mangan-Calcium-Cluster wieder in seinen ursprünglichen Zustand (S0) fällt. Dieser Kreislauf ist der sogenannte Kok-Zyklus (s. Abb. 10). Dass die freigewordenen Protonen durch einen Protonengradienten ins Stroma gelangen und dort für die Bildung von NADH/H+ benötigt werden, ist für die technische Umsetzung uninteressant.

Ziel der Forscher ist es nicht, den kompletten Fotosynthesehergang zu imitieren, vielmehr konzentrieren sie sich auf den *oxygen-evolving complex*, durch dessen Arbeit bekanntlich Sauerstoff und an NADP+ gebundener Wasserstoff frei werden. Mit der Herstellung des energiereichen Wasserstoffs gelänge es, die Sonnenenergie zu speichern, denn lässt man ihn bei Strombedarf mit Sauerstoff reagieren, findet die Knallgasreaktion statt, eine exotherme Reaktion.

Es ist also ein Co-OEC entwickelt worden, ein Komplex, der analog zu dem in der Natur vorkommenden Komplex aus Mangan funktioniert. Statt Mangan wurden Cobalt und Phosphat verwendet, welche durch schrittweise Oxidation veranlassen, dass das Cluster in den S4-Zustand angehoben und Wasser gespalten wird.

Während in der natürlichen Fotosynthese die entstandenen Protonen zur Bildung von NADPH/H+ am Fotosystem 1 benötigt werden, kommen in der künstlichen Fotosynthese Phosphat-Ionen zum Einsatz, die als Protonenakzeptoren dienen.

Ebenso wie die Fähigkeit, sich selbst durch den Kok-Zyklus zu organisieren, muss der Co-OEC noch weitere Eigenschaften des natürlichen OEC übernehmen. Diese Eigenschaft ist die Selbstorganisation. Sie äußert sich in der Form, dass die beteiligten Atome sich unter geeigneten Bedingungen von selbst zum gewünschten Metallkomplex (Cluster) zusammenlagern. Zudem kann auch der Co-OEC seinen Katalysator nach Beschädigung reparieren. Beispielweise zerfiele ein Teil der Oberfläche des Katalysators in schmutzigem Wasser, wenn sich Bakterien festsetzen würden, was den Prozess der Wasserspaltung negativ beeinflussen würde. Eine weitere übernommene Eigenschaft ist die Fähigkeit, unter natürlichen Bedingungen, Temperatur, pH-Wert und Druck betreffend, zu operieren. Dies verschafft dem Co-OEC einen Vorteil gegenüber anderen bisherigen, künstlichen Systemen, die zum Beispiel nicht in Gewässern mit dem pH-Wert 7 arbeiten können.[21] Außerdem bringt der Co-OEC nach Freisetzung von Wasser– und Sauerstoff die Cobalt-Ionen von ihrem CoIII-Zustand wieder in den CoII-Zustand.

[21] Vgl. LUBITZ, W; COX, N. 2013: S. 34-43.

Zum fertigen Aufbau des *Artificial Leaf* wird noch eine Zelle benötigt, die die Fähigkeit besitzt, Sonnenstrahlung zu absorbieren.[22]

2.2.2 Solare Wasserstoffproduktion

Vorbild für einen wasserstoffproduzierenden Purpurbakterien-Grünalgen-Verbundreaktor ist das fädige Cyanobakterium *Nostoc muscorum*, welches in Seen und offenen Gewässern heimisch ist. Die Besonderheit dieses Lebewesens ist seine Zusammensetzung aus zwei unterschiedlichen Zelltypen: vegetative, algenähnliche Zellen und Hetercysten (s. Abb 11). Die vegetativen Zellen betreiben die übliche oxygene Fotosynthese und produzieren so aus Kohlendioxid und Wasser Sauerstoff und Kohlenhydrate. Die Kohlenhydrate, in denen Wasserstoff fixiert ist, werden von den Heterocysten benötigt, da diese aufgrund des fehlenden Fotosystems 2 keinen wasserspaltenden, protonenliefernden Komplex besitzen. Die Heterocysten bauen die Kohlenhydrate zunächst zu Pyruvat und im Citrat-Zyklus schließlich zu Kohlendioxid ab, der nun wieder der vegetativen Zelle zur Verfügung steht. Dies geschieht allerdings nur unter bestimmten Bedingungen: Zum einen muss eine anaerobe Umgebung gegeben sein. Wäre das nicht der Fall, würde der Sauerstoff den zu reduzierenden Stickstoff stattdessen zu Stickoxiden oxidieren. Zudem sollten ausreichend Stickstoff, Kohlenstoffquellen und Sonnenlicht im Wellenlängenbereich der Absorptionsmaxima des Fotosystems der Heterozysten (800 - 870nm) vorhanden sein. Als Gegenleistung zur Bindung des Energieträgers Wasserstoff in Kohlenhydraten fixiert ein Enzym der Heterocyste, Nitrogenase genannt, unter Abwesenheit von Sauerstoff Stickstoff in Form von Ammoniak, der wiederum von der vegetativen Zelle zusammen mit Glutaminsäure aufgenommen wird, wodurch Glutamin hergestellt wird. Glutamin wird von allen lebenden Zellen zur Synthese von Aminosäuren benötigt. Bei dem Vorgang der Stickstofffixierung wird elementarer Wasserstoff freigesetzt (s. Abb. 12).

Die räumliche Trennung der Wasserstofffreisetzung und der Sauerstoff- bzw. Kohlenhydratproduktion ist von großer Bedeutung, denn wäre der Nitrogenase-Komplex in der vegetativen Zelle integriert, würde er aufgrund der großen Mengen an Sauerstoff in jener Zelle nicht die gewünschte bzw. beabsichtigte Reaktion herbeiführen (Vgl. oben: „anaerobe Umgebung"). Die Sauerstoffkonzentration in den Heterocysten, die zur Ver-

[22] Vgl. http://136.142.82.187/eng12/Chair/data/papers/3152.pdf, 21.10.13; http://www.nokemi.se/wp-content/uploads/2013/02/WendtOla_Nocera-löv.pdf, 21.10.13.

wertung der Kohlenhydrate notwendig ist, ist zu gering als dass sie für die Nitrogenase schädlich sein könnte.
Bei der technischen Umsetzung nehmen Grünalgen die Funktion der vegetativen Zellen und schwefelfreie Purpurbakterien die der Heterocysten ein. Ihr Zusammenspiel verläuft analog zu den Prozessen in dem Cyanobakterium *Nostoc muscorum* (s. Abb. 13).
Zwischen Grünalgen- und Purpurbakterien-Reaktor wird ein Milchsäurebakterien-Reaktor geschaltet, um die Kohlenhydrate zunächst in Laktat, das von Purpurbakterien bevorzugte Substrat, umzuwandeln. Zwischen den genannten Reaktorstufen findet kein passiver stofflicher Austausch statt. Um den aktiven Stofftransport zwischen Reaktor 1 (Grünalgen) und Reaktor 2 (Milchsäurebakterien) und den Austausch zwischen Reaktor 2 und Reaktor 3 (Purpurbakterien) zu gewährleisten, ist Press- bzw. Begasungsluft notwendig. Es bestände auch die Möglichkeit, das im Purpurbakterienreaktor freiwerdende Kohlendioxid, aber auch das aus der Fermentationsstufe zum Grünalgenreaktor zurückzuführen. Um die Menge an freiwerdendem elementaren Wasserstoff zu steigern, sollte, gemäß der Reaktionsgleichung $N_2 + 8H^+ + 8e^- \rightarrow 2NH_3 + H_2$, in dem Purpurbakterienreaktor Stickstoffmangel vorherrschen, da so eine geringere Anzahl an Wasserstoff-Ionen an den Stickstoff gebunden werden kann. Die beiden zuletzt genannten Optimierungsmöglichkeiten werden Inhalt der zukünftigen Forschungen sein.[23]

2.2.3 Lichtabsorptionsfähigkeit von Blättern

Pflanzen besitzen in der Thylakoidmembran ihrer Chloroplasten verschiedene Pigmentmoleküle, welche den für das menschliche Auge sichtbaren Teil des Sonnenspektrums aufgrund unterschiedlicherer Absorptionsmaxima absorbieren können. Die wichtigsten Pigmentmoleküle sind Chlorophyll a und b und die Carotinoide. Die Chlorophylle nehmen hauptsächlich das blaue und rote Licht auf (Absorptionsmaxima bei 400 - 480 nm und 550 - 700 nm). Die dabei entstehende Grünlücke wird von dem Absorptionsmaxima der Carotinoiden und weiteren „Hilfspigmenten“ kompensiert. Der Grund für die unterschiedlichen Absorptionsmaxima ist die chemische Struktur der Pigmente.[24] Während die Chlorophylle aus einer zyklischen Tetrapyrole mit Magnesium-

[23] Vgl. SCHÄFER 2003 : 16, 18, 23, 41, 87.
[24] Vgl. http://www.u-helmich.de/bio/stw/reihe4/licht/licht05.htm, 21.10.13.

Zentralatom und unpolaren Kohlenwasserstoffketten bestehen, sind Carotinoide langkettige, unpolare Tetraterpene (s. Abb. 14).[25]

Die Chlorophylle sind in so genannten Lichtsammelkomplexen mit steigenden Absorptionsmaxima, an deren Ende die Redoxzentren P680 bzw. P700 stehen, angeordnet (s. Abb. 15). Wird ein Photon absorbiert, nimmt ein Elektron des Chlorophylls die Energie auf und wird aus seinem energetischen Grundzustand in einen angeregten, energiereicheren Zustand (S1/S2- Niveau) gehoben. Wird rotes Licht absorbiert, wechselt das Elektron in den S1-Zustand, bei blauem Licht (mit höherem Energiegehalt) in den S2-Zustand. Nur wenn sich das Elektron auf dem S1-Niveau befindet, kann die „überschüssige" Energie nun strahlungsfrei in einem benachbarten Chlorophyll mit längeren Absorptionsmaxima, allerdings energieärmeren S1-Niveau, ein Elektron anheben. Dabei fällt das Elektron des Ausgangsmoleküls wieder in seinen Grundzustand zurück. Im Falle der Absorption von blauem Licht (Elektron von S2-Niveau) muss zunächst die Energiedifferenz zwischen S1 und S2 in Form von Wärme ausgeglichen werden. Das S1-Niveau des Empfängermoleküls muss geringer sein als das des „Senders", da bei beschriebenem Energietransfer ein Teil der Anfangsenergie verloren geht (s. Abb. 16). Die Lichtenergie wird also durch ein System aus Elektronendonatoren und –akzeptoren (Redoxsystem) an die Redoxzentren transferiert.[26]

Ähnliches geschieht in der lichtabsorbierenden Schicht, auch aktive Zone genannt, der polymeren Solarzelle. Sie ist eingebettet in eine Schicht, häufig bestehend aus mit Glas beschichtetem Indiumzinnoxid, die an der lichteinfallenden Seite als Anode fungiert, und einer Aluminiumschicht, die zur Reflexion dient. Die lichtabsorbierende Schicht selbst ist aus einem elektronenleitenden Polymer und einem Löcher leitenden Fulleren aufgebaut. Wird ein Photon absorbiert, entstehen nicht, wie bei Silizium-Solarzellen freie Ladungsträger, stattdessen kommt es im Polymer aufgrund der hohen Bindungsenergie der Elektronen zunächst einmal zur Exzitonengeneration. Dabei werden Elektronen-Loch-Paare, sog. Exzitonen, gebildet. Anschließend diffundieren die Exzitonen zum Fulleren, dem Elektronen-Akzeptor. Bei diesem Schritt ist die Diffusionslänge, die Strecke, die die Moleküle zurücklegen, bevor sie relaxieren bzw. in ihren Grundzustand zurückfallen, ein limitierender Faktor, weshalb man die Schicht aus Polymer und Fulleren nach dem Bulk-Heterojunction-Konzept gestaltet hat. Dieses Konzept mischt Donator und Akzeptor so, dass die nächstgelegene Grenzfläche möglichst nah am Ort der

---

[25] Vgl. http://webdoc.sub.gwdg.de/ebook/diss/2003/sub-bremen/dissertations/E-Diss262_Klimmek_02-03-08.pdf, 21.10.13.

[26] Vgl. http://www.u-helmich.de/bio/stw/reihe4/licht/licht05.htm, 21.10.13.

Lichtabsorption und Exzitonenbildung liegt. Dabei werden Verluste durch Rekombination der Exzitonen vermieden (Abb. 17).
Am Heteroübergang, der Grenzfläche zwischen Polymer und Fulleren, angelangt, werden Elektron und Loch voneinander getrennt. Die Löcher befinden sich noch immer auf dem Polymer, während die nun freien Elektronen auf das Fulleren übergegangen sind. Beide Einzelteile werden schließlich aufgrund der elektrischen Anziehung von ihren jeweiligen Kontakten (Kathode bzw. Anode) angezogen. Daher ist es wichtig, dass der Donator eine hohe Beweglichkeit für Löcher und der Akzeptor für Elektronen aufweist. Optimierungssmöglichkeiten bieten die Absorptionsbanden. Es wäre beispielweise denkbar, nicht nur das für den Menschen sichtbare Licht zu nutzen, sondern auch den großen Anteil an Sonnenstrahlung im Infrarotbereich.[27] Der polymeren Solarzelle wird ein großes Potential für die Zukunft zugetraut, da sie einfach, preisgünstig und niederenergetisch ist und die Möglichkeit besteht, sie in der Großflächentechnologie anzuwenden.[28]

2.3 Geometrieoptimierung – Phyllotaxis der Pflanzen

Blätter sind, entgegen der Vermutung vieler, nicht willkürlich am Spross angeordnet. Stattdessen besitzen sie ein bestimmtes Geometriemuster, welches die gegenseitige Beschattung minimieren soll, um bei einer maximalen Lichtausbeute optimal Fotosynthese betreiben zu können.
Man unterscheidet drei verschiedene Blattstellungen: die wirtelige, die distiche und die disperse Blattstellung. Beim *Shadow Pavillion* hat man sich an letzterer orientiert: Bei der dispersen Blattstellung sind die Winkel, sog. Divergenzwinkel, zwischen den Blättern gleich, woraus eine gleichmäßige Blattverteilung um den Spross folgt. Die dabei auftretenden Winkel sind keine Zufälle, denn als Bruch angegeben, entstammen sie der SCHIMPER-BRAUN'schen Hauptreihe, einer Reihe von Brüchen, bei der sowohl Zähler als auch Nenner der *Fibonacci-Folge* entstammen ($\frac{1}{2}$ =180°, $\frac{1}{3}$ =120°, $\frac{2}{5}$ =144°, $\frac{3}{8}$ =135°, $\frac{5}{13}$ =138,5°, $\frac{8}{21}$ =137,1°, $\frac{13}{34}$ =137,6°, $\frac{21}{55}$ =137,46° usw.). Außerdem tritt es bei genannten Winkeln nie auf, dass zwei Blätter auf gleicher Höhe stehen und sich somit

[27] Vgl. https://www.google.de/...Organische%2520Solarzellen_WT.pdf&ei=WyU4Uvv-A4ayhAemmoH4AQ&usg=AFQjCNGGk1VoZY1r_7eoFMDxnLjiqsqGKw&bvm=bv.52164340,d.bGE, 21.10.13;
http://www.physik.uni-wuerzburg.de/EP6/Vorlesung-SS11/OHL_13072011.pdf, 21.10.13;
http://www.pv-uni-netz.de/img/Jahrestagung2003/uv_4_organische_01.pdf, 21.10.13.
[28] Vgl. http://intern.ipv.uni-stuttgart.de/content/web9/docs/OrganischeSolarzellen.pdf, 27.10.13.

negativ beeinflussen. Geringfügige Änderungen der Divergenzwinkelgrößen machen sich im Erscheinungsbild der Spiralmuster deutlich bemerkbar (s. Abb. 18). Bei einem Zwischenwinkel zwischen den einzelnen Blättern, der dem „Goldenen Winkel“ ($\frac{34}{89}$ =137,53°) entspricht, lässt sich sogar das beispielweise bei Sonnenblumen vorkommende Muster mit rechts und links verlaufenden Spiralarmen feststellen (s. Abb. 18, letztes Muster).[29]

Der Shadow-Pavillon ist eine Struktur aus Aluminiumbecher, die nach beschriebenem Prinzip angeordnet sind. Durch das Einführen von Wasser und Licht, wird im Inneren ein Mikroklima geschaffen. Die stark reflektierende Oberfläche zieht besondere Lichtverhältnisse und die Spiegelung von Himmel und Umgebung nach sich. Zudem werden Besuchern des Pavillons verschiedene sinnliche Erfahrungen ermöglicht, beispielweise die außergewöhnliche Aufnahme von Umgebungsgeräuschen, die ins Innere geleitet werden (s. Abb. 19). Noch macht man sich die Erkenntnisse zu der Phyllotaxis von Blättern vor allem bei Kunstobjekten, wie in diesem Fall, zu Nutze. Für die Zukunft sieht man aber auch großes Potenzial in der Solartechnologie.[30]

3 Förderung der Bionik in Deutschland

Seit den 1990er Jahren ist die Bionik eine anerkannte Wissenschaft in Deutschland. Seitdem wurden bereits Bionik-Lehrstühle an einigen Universitäten eingerichtet und Verbände wie die „Gesellschaft für technische Biologie und Bionik in Saarbrücken“ und der „Bionik-Verband München“ gegründet. Größte Errungenschaft zur Förderung der bionischen Entwicklungen ist das am 22.05.2001 vom Bundesministerium für Bildung und Forschung genehmigte und geförderte Bionik-Kompetenznetz (BioKoN).[31] Das von der TU Berlin geleitete Projekt soll die Zusammenarbeit zwischen Universitäten, Forschungszentren und der Industrie fördern, dadurch der Industrie mit bionischen Lösungsansätzen bei deren Problemen helfen und einen Beitrag zur umweltfreundlichen, technischen Entwicklung leisten. Außerdem soll durch die Datensammlung verschiedener Forscher und dem ständigen Kontakt zwischen Forschung und Anwendung

[29] Vgl. ELLENBRACHT, F.; LANGENBRUCH, B. 2003: 35-37, 44.
[30] Vgl. http://www.bionikforschung.at/baubionik/dokumente/Technologiereport-Geometrieoptimierung-Phyllotaxis.pdf, 23.10.13.
[31] Vgl. NACHTIGALL, W. 2002^2: 19.

die Position Deutschlands in dieser Wissenschaft gestärkt werden, um Ansprechpartner für Interessenten aus dem internationalen Ausland zur Verfügung zu stellen.[32]

Anhang

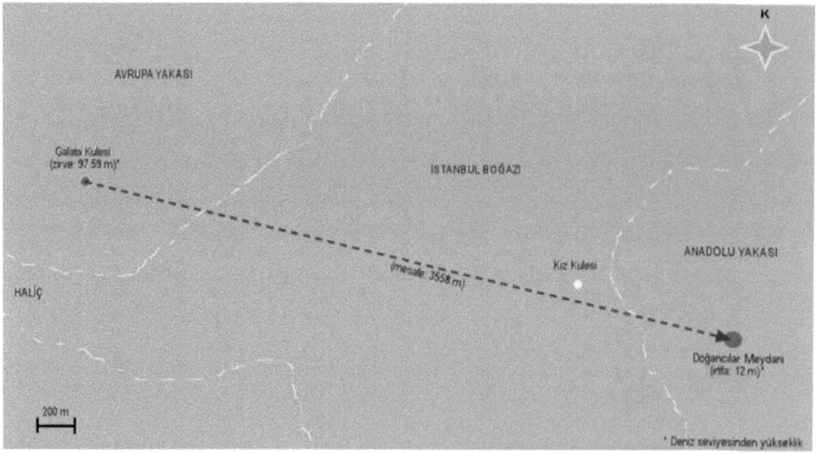

Abbildung 1: Flugstrecke Hezarfen Ahmed Celebis
(Quelle: http://de.wikipedia.org/wiki/Hezarfen_Ahmed_%C3%87elebi, 07.11.13.)

[32] Vgl. http://www.bionikzentrum.de/img_upload/bionik_bundestag.pdf, 05.10.13.

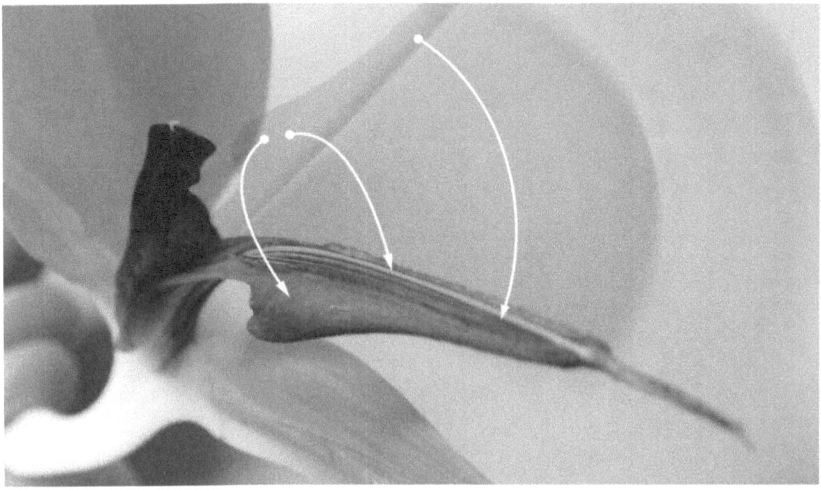

Abbildung 2: Verformung der Paradiesvogelblume (1)
(Quelle: http://www.fit.uni-freiburg.de/das_zentrum/strelitzie, 07.11.13.)

Abbildung 3: Verformung der Paradiesvogelblume (2), Bereitstellung des Pollens
(Quelle: http://www.bionik-blog.de/wp-content/uploads/2011/05/Abb.-1-Vorbild_Klappensystem-Strelitzia_2.jpg, 07.11.13.)

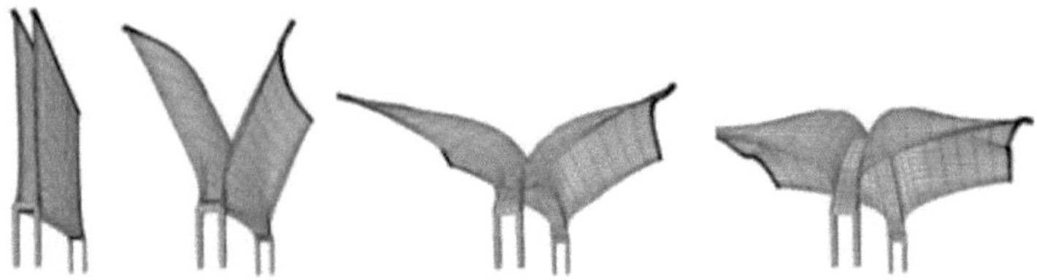

Abbildung 4: Simulation der unterschiedlichen Verformungsstufen des *fletofins*
(Quelle: http://www.zukunftbau.ch/fileadmin/ablage/Bauinnovationen/
PDF_Artikel_Bauinnovationen/architektur_technik_Bionik_Storen.pdf, 07.11.13.)

Abbildung 5: *flectofin* an Gebäude in Südkorea
(Quelle: http://www.badische-zeitung.de/bildung-wissen-1/flowerbauer--46001192.html, 07.11.13.)

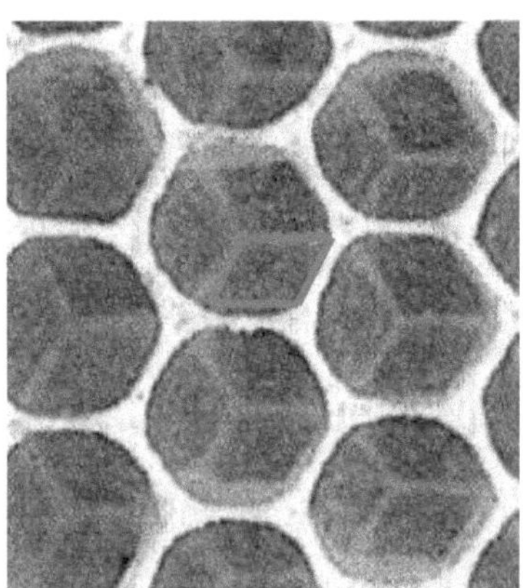

Abbildung 6: Raute als gemeinsamer Zellenboden von vier Sechsecken
(Quelle: http://www2.hs-fulda.de/~grams/Problemloesen/Bienenwabe.pdf, 07.11.13.)

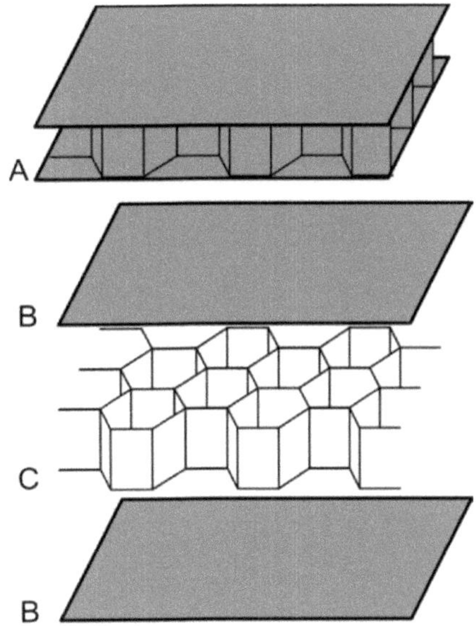

Abbildung 7: Drei Schichten des *honeycomb sandwich*
(Quelle: http://de.wikipedia.org/wiki/Sandwichplatte_mit_Wabenkern, 07.11.13.)

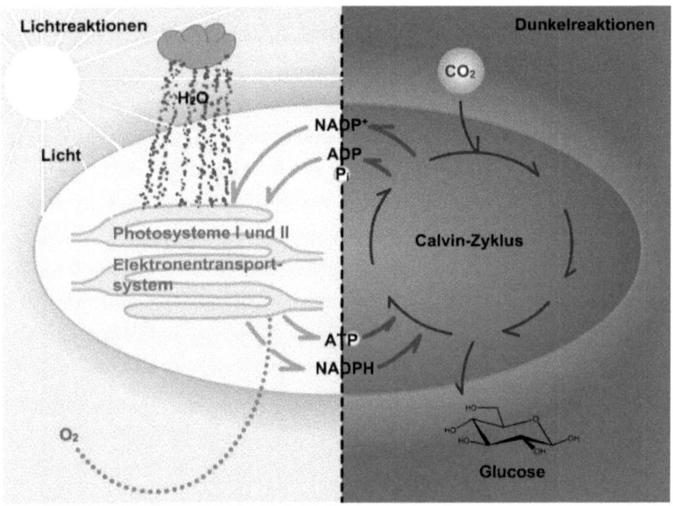

Abbildung 8: Kombination von Licht- und Dunkelreaktion
(Quelle: http://www.chemgapedia.de/vsengine/media/vsc/de/ch/8/
bc/stoffwechsel/photosynthese/flash/photosynthoverv_anim2_swf_altref.jpg, 07.11.13.)

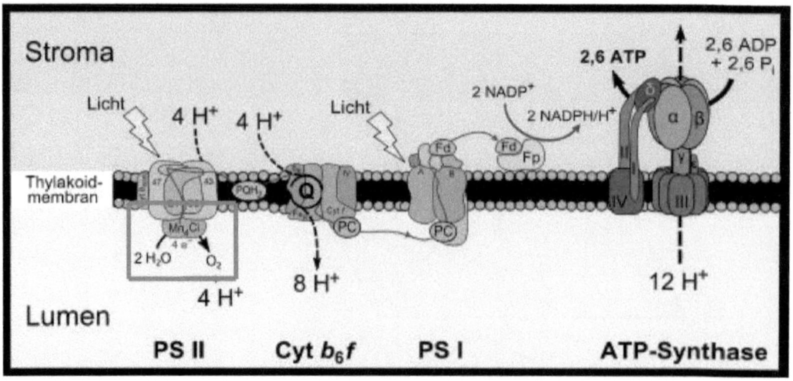

Abbildung 9: Darstellung der Lichtreaktion mit Mangan-Cluster
(Quelle: http://upload.wikimedia.org/wikipedia/commons/0/03/Thylakoid_membrane.svg, 07.11.13.)

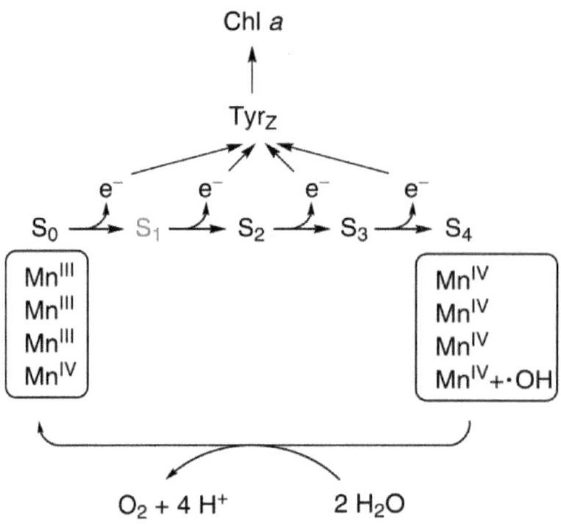

Abbildung 10: Kok-Zyklus
(Quelle: http://upload.wikimedia.org/wikipedia/commons/1/12/Kok-cycle.svg, 07.11.13.)

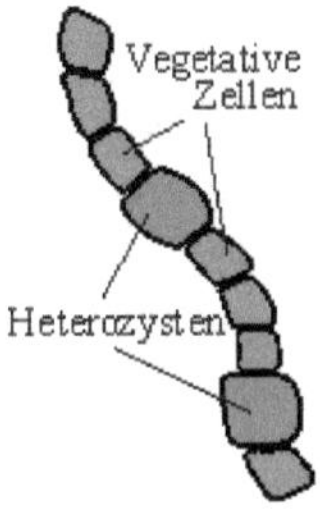

Abbildung 11: Nostoc muscorum
(Quelle: http://www.bionik.tu-berlin.de/institut/nosto2.gif, 07.11.13.)

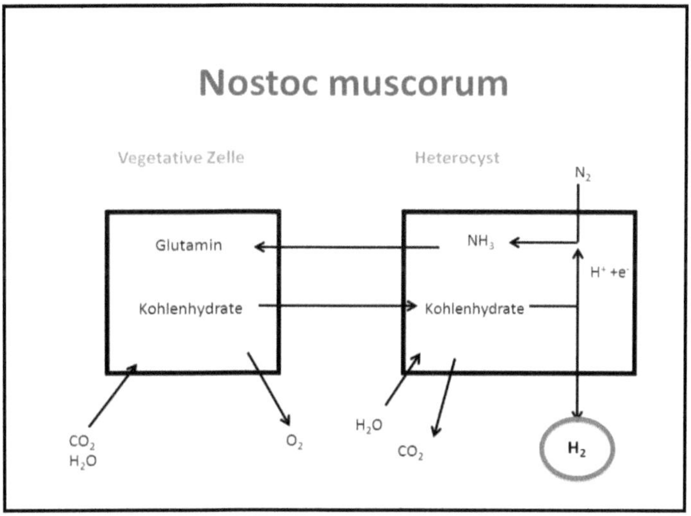

Abbildung 12: Prinzip des *Nostoc muscorum*
(eigener Entwurf nach: SCHÄFER, L. 2003: Photobiologische Wasserstoffproduktion in einem Purpurbakterien/ Grünalgen-Verbundreaktor. Berlin.)

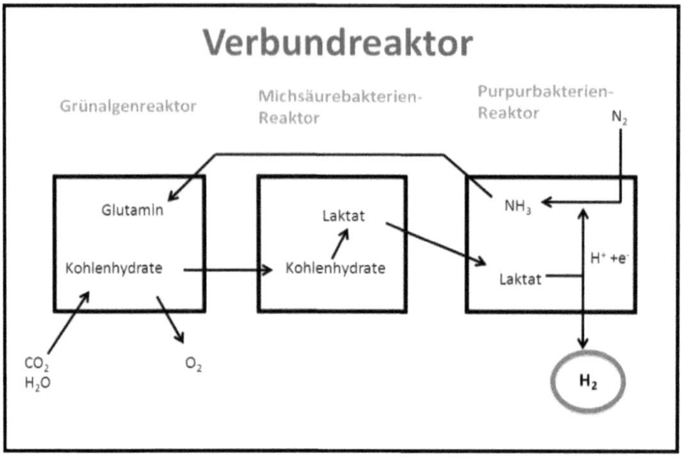

Abbildung 13: Prinzip des Verbundreaktors
(eigener Entwurf nach: SCHÄFER, L. 2003: Photobiologische Wasserstoffproduktion in einem Purpurbakterien/ Grünalgen-Verbundreaktor. Berlin.)

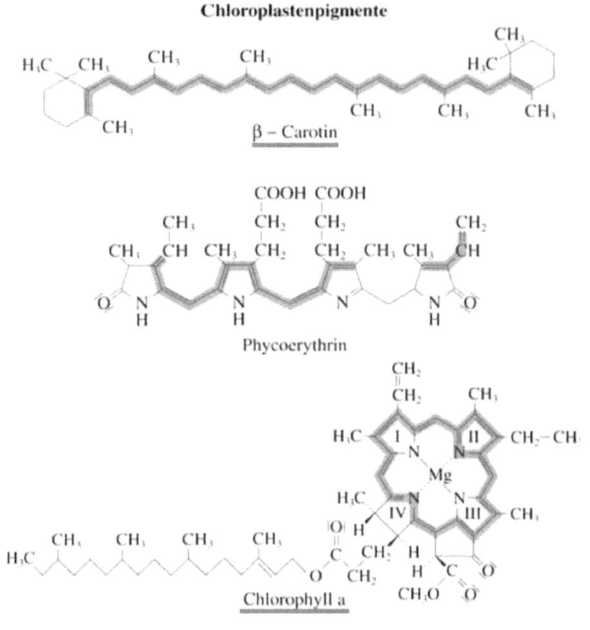

Abbildung 14: Chemische Struktur der Chloroplastenpigmente
(Quelle: http://file1.npage.de/003093/83/bilder/licht5.jpg, 07.11.13.)

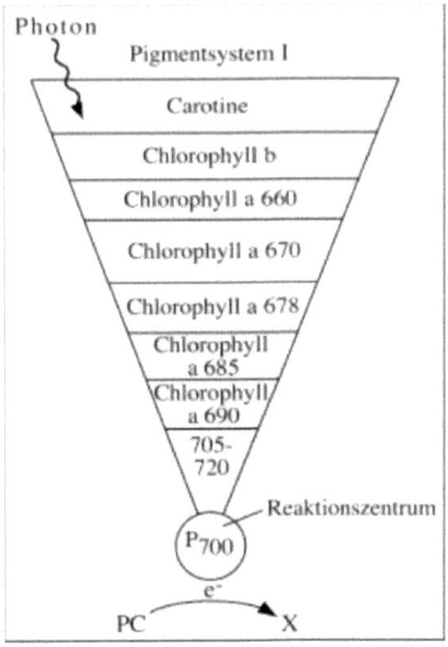

Abbildung 15: Pigmentzusammensetzung des Fotosystems 1
(Quelle: http://miami.uni-muenster.de/servlets/DerivateServlet/Derivate-1037/Hesse86.pdf, 07.11.13.)

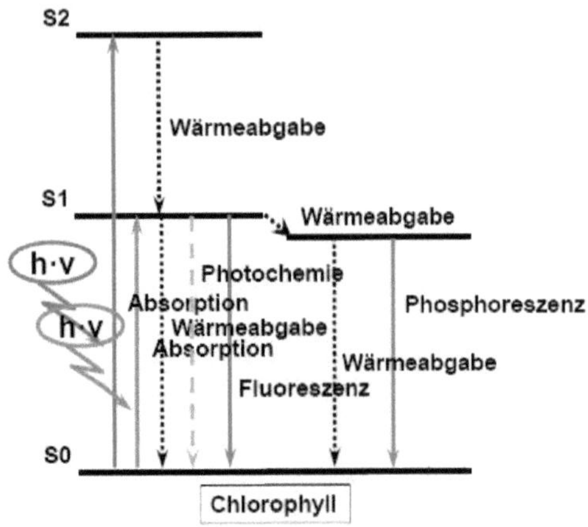

Abbildung 16: Ausgleich der Energiedifferenz zwischen S2 und S1 bzw. S1 und S0
(Quelle: http://www.uni-konstanz.de/FuF/Bio/kuepper/Homepage/1_Licht-Pigmente_2Sem2012.pdf, 07.11.13.)

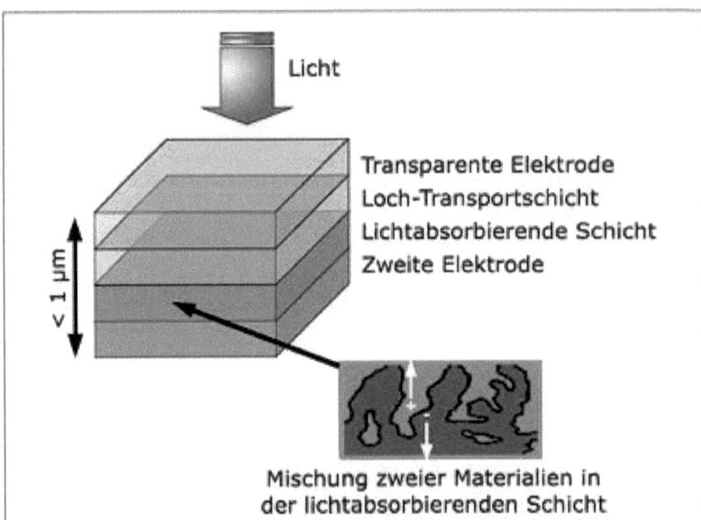

Abbildung 17: Aufbau der Polymeren Solarzelle und Bulk-heterojunction-Konzept
(Quelle: http://www.scinexx.de/redaktion/focus/bild7/orgsolar05g.jpg, 07.11.13.)

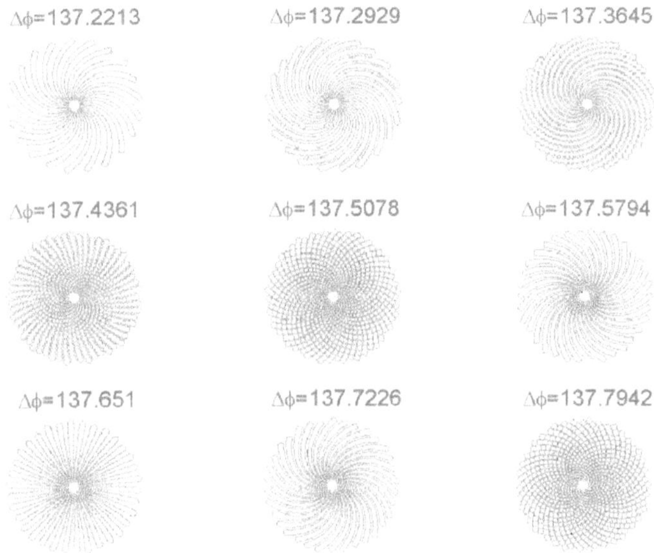

Abbildung 18: Verschiedene Spiralmuster bei unterschiedlichen Divergenzwinkeln
(verändert nach: http://www.torkado.de/img3/kbraeuer2.gif, 07.11.13.)

Abbildung 19: *Shadow Pavillon*
(Quelle: http://art-design.umich.edu/images/uploads/people/ShadowPavilion_exterior_johnmarshall2012.jpg, 07.11.13.)

Abbildungsverzeichnis

Literaturverzeichnis

Monographien:

ELLENBRACHT, F.; LANGENBRUCH, B. 2003: Mathematische Anwendungen in Biologie, Chemie, Physik – Architektur des Lebens. Berlin.

NACHTIGALL, W. 2002²: Bionik – Grundlagen und Beispiele für Ingenieure und Naturwissenschaftler. Berlin.

SCHÄFER, L. 2003: Photobiologische Wasserstoffproduktion in einem Purpurbakterien/Grünalgen-Verbundreaktor. Berlin.

Aufsätze:

LUBITZ, W.; COX, N. 2013: Wie Pflanzen Wasser spalten. In: Spektrum der Wissenschaft, 9, S. 34-43.

Internetquellen:

DYAKONOV, V.: Organische Solarzellen (http://www.pv-uni-netz.de/img/Jahrestagung2003/uv_4_organische_01.pdf, 21.10.13).

DYAKONOV, V.: Physik Organischer Halbleiter (http://www.physik.uni-wuerzburg.de/EP6/Vorlesung-SS11/OHL_13072011.pdf, 21.10.13).

EICHELMANN, K.; LEEDY, A.: Micking photosynthesis using a silicone based and cobalt catalysed artificial leaf to produce hydrogen (http://136.142.82.187/eng12/Chair/data/papers/3152.pdf, 21.01.13).

GRAMS, T.: Bienenwabe – Ein Optimierungsproblem (http://www2.hs-fulda.de/~grams/Problemloesen/Bienenwabe.pdf, 21.10.13) .

HELMRICH, U.: Lichtsammelkomplexe (http://www.u-helmich.de/bio/stw/reihe4/licht/licht05.htm, 21.10.13).

KLIMMEK, F.: Der Lichtsammelkomplex LHCI-730 des Photosystems I höherer Pflanzen (http://webdoc.sub.gwdg.de/ebook/diss/2003/sub-bremen/dissertations/E-Diss262_Klimmek_02-03-08.pdf, 21.10.13).

LENZ, T.: Organische Solarzellen (http://intern.ipv.uni-stuttgart.de/content/web9/docs/OrganischeSolarzellen.pdf, 27.10.13).

LIENHARD, J.; POPPINGA, S.; SCHLEICHER, S.: Es geht auch ohne Gelenke (http://www.zukunftbau.ch/fileadmin/ablage/Bauinnovationen/PDF_Artikel_Bauinnovationen/architektur_technik_Bionik_Storen.pdf, 13.10.13).

N.N.: Bienenwabe (http://de.wikipedia.org/wiki/Bienenwabe, 26.10.13).

N.N.: Bionik – Biologie und Technik (http://www.buerklin.net/bionik.htm, 05.10.13).

N.N.: Geometrieoptimierung/ Functional surfaces (http://www.bionikforschung.at/baubionik/dokumente/Technologiereport-Geometrieoptimierung-Phyllotaxis.pdf, 23.10.13).

N.N.: Georges de Mestral (http://de.wikipedia.org/wiki/Georges_de_Mestral, 12.10.13).

N.N.: Geschichte der Bionik (http://www.bionikzentrum.de/default.asp?navA=bionik&navB=geschichte&navID=3&editable=1, 05.10.13).

N.N.: Matthew Barker (http://en.wikipedia.org/wiki/Matthew_Barker, 12.10.13).

N.N.: Otto Lilienthal (http://de.wikipedia.org/wiki/Otto_Lilienthal, 12.10.13).

N.N.: Photosynthese (http://de.wikipedia.org/wiki/Fotosynthese, 26.10.13).

N.N.: Raoul Heinrich Francé (http://de.wikipedia.org/wiki/Raoul_Heinrich_Francé, 12.10.13).

N.N.: Sandwichplatte mit Wabenkern (http://de.wikipedia.org/wiki/Sandwichplatte_mit_Wabenkern, 21.10.13) .

N.N.: Strelitzie („Paradiesvogelblume“) (http://www.blumenlexikon.de/strelitzie.htm, 13.10.13).

NATIONAL GEOGRAPHIC DEUTSCHLAND: Künstliches Blatt erzeugt Strom (http://www.nationalgeographic.de/aktuelles/kuenstliches-blatt-erzeugt-strom, 21.10.13).

NOCERA D. G.: The artificial leaf (http://www.nokemi.se/wp-content/uploads/2013/02/WendtOla_Nocera-löv.pdf, 21.10.13).

OERTEL, D.; GRUNWALD, A.: Potenziale und Anwendungsperspektiven der Bionik (http://www.tab-beim-bundestag.de/de/pdf/publikationen/berichte/TAB-Arbeitsbericht-ab108.pdf, 05.10.13).

POPPINGA, S. et al.: Gelenkfreie Klappen bei der Strelitzia reginae (http://www.simonschleicher.com/Flectofin_Bremen.pdf, 13.10.13).

SEYDEL, Dr. H.: Bionik (http://www.bionikzentrum.de/img_upload/bionik_bundestag.pdf, 05.10.13).

TRESS, W.: Die organische Solarzelle (https://www.google.de/url?sa=t&rct=j&q=&esrc=s&source=web&cd=3&cad=rja&ved=0CDwQFjAC&url=http%3A%2F%2Fwww.iapp.de%2Fiapp%2Fagruppen%2Fosol%2F%3Fdownload%3D10-04-16_Organische%2520Solarzellen_WT.pdf&ei=WyU4Uvv-A4ayhAemmoH4AQ&usg=AFQjCNGGk1VoZY1r_7eoFMDxnLjiqsqGKw&bvm=bv.52164340,d.bGE, 21.10.13).

Sonstiges:

Flectofin® (Video: http://www.youtube.com/watch?v=XyLR_-fW0aA, 13.10.13).